给孩子
插上科学
的翅膀

U0188061

为什么
冰箱可以制冷

温会会◎文　曾平◎绘

浙江摄影出版社
全国百佳图书出版单位

调料

果泥

红豆
雪糕

小朋友，如果希望食物保鲜，我们通常会将它们放在哪里呀？
　　夏天烈日炎炎，清凉香甜的冰激凌通常会被放在家里的哪个地方呢？
　　答案就是冰箱！

冰箱是保持恒定低温的一种制冷设备。

我可以吸走食物的热量，使食物保鲜！

原来，冰箱的内部装有一种神奇的化学物质，可以使冰箱各层温度降低。

果泥

5

这种化学物质究竟是什么呢？它就是冰箱里的制冷剂——氢氟烃类。

氢氟烃类是一类很常见的制冷剂，可以用符号"HFCs"来表示。

我们在家用空调的内部，往往也能发现它的身影。小朋友可以留意，如果家里空调不吹凉风，很有可能是使用时间长，缺少制冷剂了。

瞧，冰箱里安装了很多弯弯曲曲的管道。

　　制冷剂就存储在这些管道里。制冷剂拥有容易汽化、也容易液化的特性，这是冰箱能够制冷的关键。

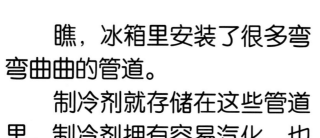

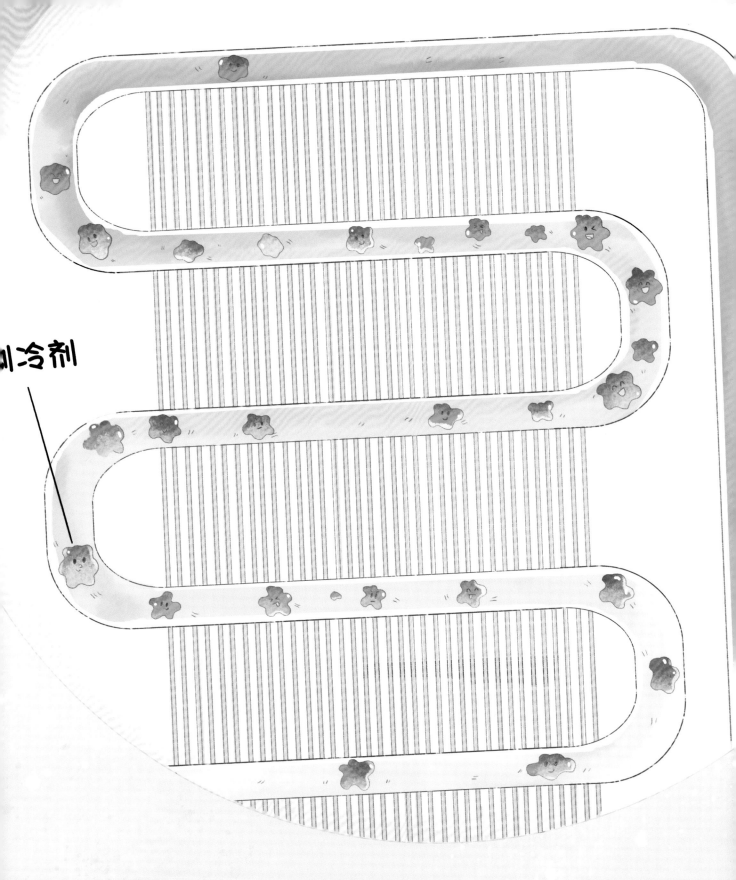

制冷剂

液态的制冷剂会通过毛细管流向蒸发器，并开始"变身"。它会在里面由液态变成气态，这个过程就是汽化。

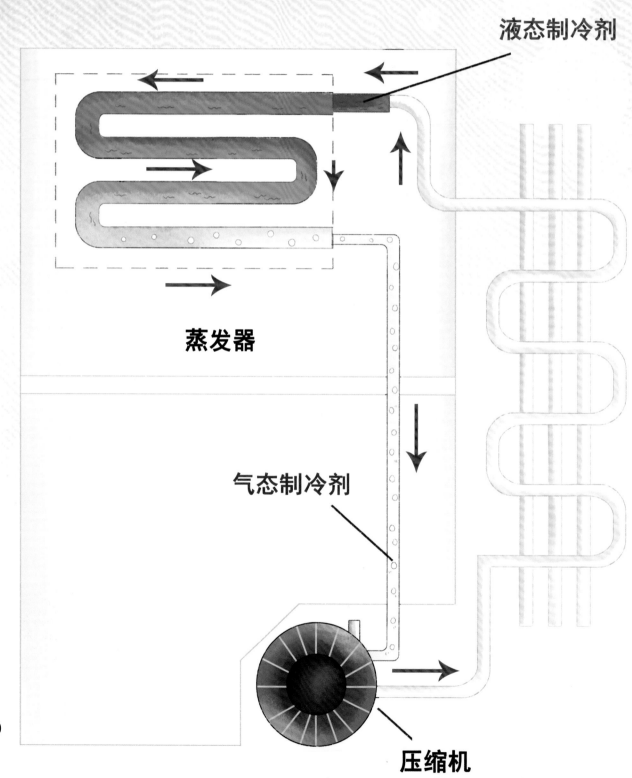

液态制冷剂

蒸发器

气态制冷剂

压缩机

在汽化的过程中，制冷剂会使劲地吸收热量，从而让冰箱里的温度降低。

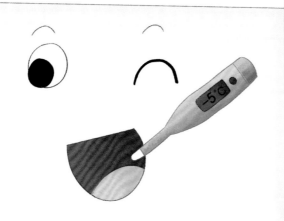

冰箱有专门处理气态制冷剂的地方，它就是压缩机。

压缩机能够将气态制冷剂进行压缩，并送到冷凝器的内部。在这里，制冷剂就会再次"变身"，从气态变成液态，这个过程就是液化。

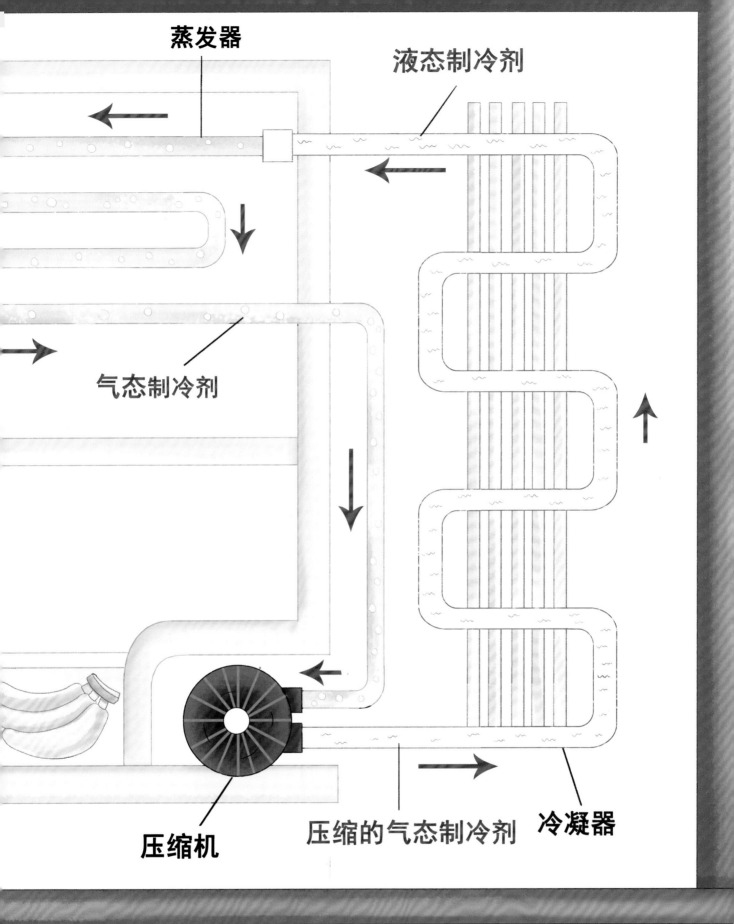

蒸发器

液态制冷剂

气态制冷剂

压缩机

压缩的气态制冷剂

冷凝器

和汽化时相反，制冷剂在液化时会放出热量。这些热量会通过冰箱后壁上的管子释放出来。

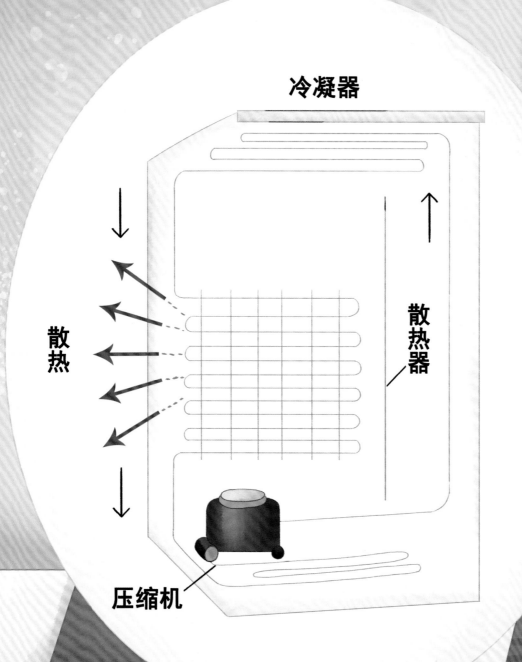

冷凝器

散热器

散热

压缩机

所以，我们摸摸冰箱的背面就能感觉到，冰箱背面的温度比较高。

15

接着，液态制冷剂再次通过
管子流向冷冻室。就这样，冰箱
循环利用制冷剂进行制冷。

我的零件设计也有利于制冷。看，我身上装有一条条像蛇一样扭着身体的管子。它们名叫蛇形冷凝管，可以让制冷剂最大面积地接触食物，这样制冷效果更好哦！

冰箱是通过制冷剂制冷的，它是冰箱制冷系统中传递热量的媒介，容易汽化吸热、液化放热，能够满足冰箱长时间制冷的需求。

　　然而，被排放到空气中的制冷剂，却有可能会污染环境。这又是为什么呢？

制冷剂

19

氟利昂曾作为常见的制冷剂被广泛使用。但如今已被禁用，这是为什么呢？

空气是不断流动的，而氟利昂是非常懒惰的气体！它们不怎么流动，喜欢在大气中稳定地待着。

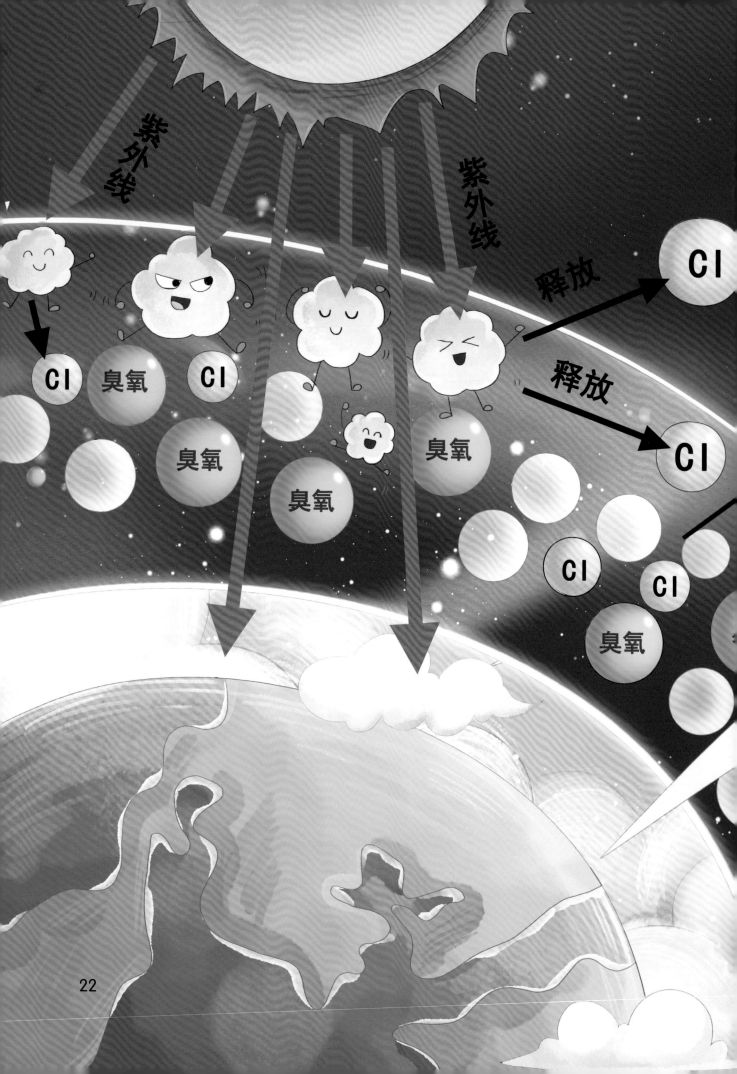

平流层里，住着不少臭氧。

来到平流层中的氟利昂，在紫外线的照射下，便会释放出氯原子，而氯原子可以和臭氧发生反应。于是，臭氧就被损耗掉了。

臭氧层被破坏，导致到达地球表面的紫外线明显增加，地表的生物就容易被紫外线灼伤，生态环境也会遭到破坏。

臭氧层

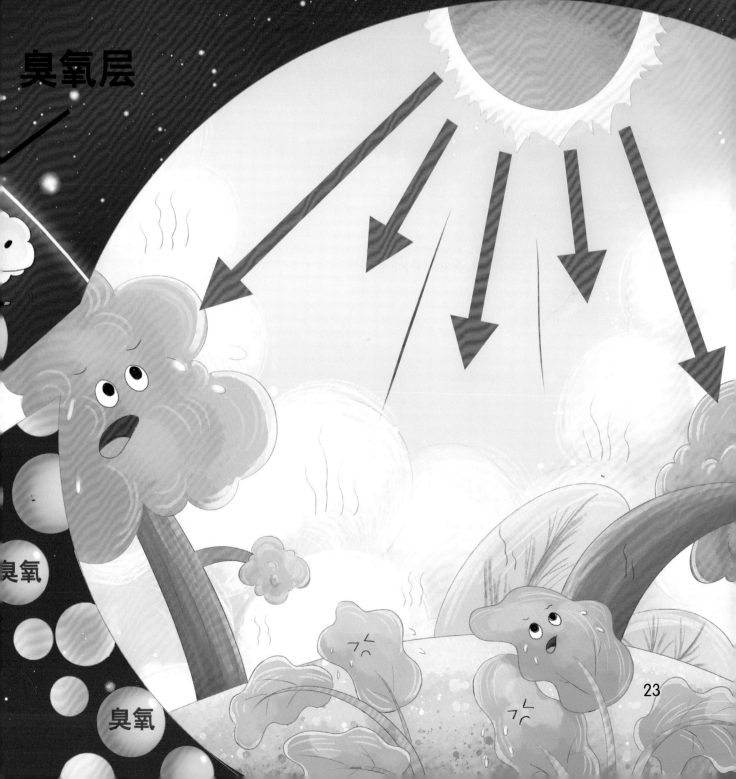

臭氧

臭氧

23

令人高兴的是，人们坚持不懈地进行关于制冷剂的研究。

现在，人们发现了四氟乙烷、R404A、R410A 等可以代替氟利昂的制冷剂。

这些环保制冷剂的运用，将大大地减少冰箱制冷过程中所造成的环境污染。

冰箱是人们生活的好助手，但制冷剂对环境的破坏也不容忽视。

希望越来越多的发明能够改善这个问题。小朋友，让我们好好学习科学知识，将来为科技事业的发展贡献力量吧！

责任编辑　李含雨
责任校对　高余朵
责任印制　汪立峰　陈震宇

项目设计　北视国

图书在版编目（CIP）数据

为什么冰箱可以制冷 / 温会会文 ；曾平绘 . -- 杭
州 ： 浙江摄影出版社，2023.12
（给孩子插上科学的翅膀）
ISBN 978-7-5514-4755-3

Ⅰ ． ①为… Ⅱ ． ①温… ②曾… Ⅲ ． ①冰箱—少儿读
物 Ⅳ ． ① TM925.21-49

中国国家版本馆 CIP 数据核字（2023）第 226919 号

WEISHENME BINGXIANG KEYI ZHILENG

为什么冰箱可以制冷
（给孩子插上科学的翅膀）

温会会　文　曾平　绘

全国百佳图书出版单位
浙江摄影出版社出版发行
　　　地址：杭州市体育场路 347 号
　　　邮编：310006
　　　电话：0571-85151082
　　　网址：www.photo.zjcb.com
制版：杭州市西湖区义明图文设计工作室
印刷：北京天恒嘉业印刷有限公司
开本：889mm×1194mm　1/16
印张：2
2023 年 12 月第 1 版　　2023 年 12 月第 1 次印刷
ISBN　978-7-5514-4755-3
定价：39.80 元